Have fun and learn Math the easy way.

+ 0

0+0=0

1+0=1

2+0=2

3+0=3

4+0=4

5+0=5

6+0=6

7+0=7

8+0=8

9+0=9

10+0=10

+ 1

0+1=1

1+1=2

2+1=3

3+1=4

4+1=5

5+1=6

6+1=7

7+1=8

8+1=9

9+1=10

10+1=11

+ 2

0+2=2

1+2=3

2+2=4

3+2=5

4+2=6

5+2=7

6+2=8

7+2=9

8+2=10

9+2=11

10+2=12

+ 3

0+3=3

1+3=4

2+3=5

3+3=6

4+3=7

5+3=8

6+3=9

7+3=10

8+3=11

9+3=12

10+3=13

+4

0+4=4

1+4=5

2+4=6

3+4=7

4+4=8

5+4=9

6+4=10

7+4=11

8+4=12

9+4=13

10+4=14

+5

0+5=5

1+5=6

2+5=7

3+5=8

4+5=9

5+5=10

6+5=11

7+5=12

8+5=13

9+5=14

10+5=15

+6

0+6=6

1+6=7

2+6=8

3+6=9

4+6=10

5+6=11

6+6=12

7+6=13

8+6=14

9+6=15

10+6=16

+7

0+7=7

1+7=8

2+7=9

3+7=10

4+7=11

5+7=12

6+7=13

7+7=14

8+7=15

9+7=16

10+7=17

+8

0+8=8

1+8=9

2+8=10

3+8=11

4+8=12

5+8=13

6+8=14

7+8=15

8+8=16

9+8=17

10+8=18

+9

0+9=9

1+9=10

2+9=11

3+9=12

4+9=13

5+9=14

6+9=15

7+9=16

8+9=17

9+9=18

10+9=19

+10

0+10=10

1+10=11

2+10=12

3+10=13

4+10=14

5+10=15

6+10=16

7+10=17

8+10=18

9+10=19

10+10=20

-0

0-0=0

1-0=1

2-0=2

3-0=3

4-0=4

5-0=5

6-0=6

7-0=7

8-0=8

9-0=9

10-0=10

-1

1-1=0

2-1=1

3-1=2

4-1=3

5-1=4

6-1=5

7-1=6

8-1=7

9-1=8

10-1=9

11-1=10

-2

$2-2=0$

$3-2=1$

$4-2=2$

$5-2=3$

$6-2=4$

$7-2=5$

$8-2=6$

$9-2=7$

$10-2=8$

$11-2=9$

$12-2=10$

-3

3-3=0

4-3=1

5-3=2

6-3=3

7-3=4

8-3=5

9-3=6

10-3=7

11-3=8

12-3=9

13-3=10

-4

4-4=0

5-4=1

6-4=2

7-4=3

8-4=4

9-4=5

10-4=6

11-4=7

12-4=8

13-4=9

14-4=10

-5

5-5=0

6-5=1

7-5=2

8-5=3

9-5=4

10-5=5

11-5=6

12-5=7

13-5=8

14-5=9

15-5=10

-6

6-6=0

7-6=1

8-6=2

9-6=3

10-6=4

11-6=5

12-6=6

13-6=7

14-6=8

15-6=9

16-6=10

-7

7-7=0

8-7=1

9-7=2

10-7=3

11-7=4

12-7=5

13-7=6

14-7=7

15-7=8

16-7=9

17-7=10

-8

8-8=0

9-8=1

10-8=2

11-8=3

12-8=4

13-8=5

14-8=6

15-8=7

16-8=8

17-8=9

18-8=10

-9

9-9=0

10-9=1

11-9=2

12-9=3

13-9=4

14-9=5

15-9=6

16-9=7

17-9=8

18-9=9

19-9=10

-10

10-10=0

11-10=1

12-10=2

13-10=3

14-10=4

15-10=5

16-10=6

17-10=7

18-10=8

19-10=9

20-10=10

x1

1x1=1

2x1=2

3x1=3

4x1=4

5x1=5

6x1=6

7x1=7

8x1=8

9x1=9

10x1=10

x2

1x2=2

2x2=4

3x2=6

4x2=8

5x2=10

6x2=12

7x2=14

8x2=16

9x2=18

10x2=20

x3

1x3=3

2x3=6

3x3=9

4x3=12

5x3=15

6x3=18

7x3=21

8x3=24

9x3=27

10x3=30

x4

1x4=4

2x4=8

3x4=12

4x4=16

5x4=20

6x4=24

7x4=28

8x4=32

9x4=36

10x4=40

x5

1x5=5

2x5=10

3x5=15

4x5=20

5x5=25

6x5=30

7x5=35

8x5=40

9x5=45

10x5=50

x6

1x6=6

2x6=12

3x6=18

4x6=24

5x6=30

6x6=36

7x6=42

8x6=48

9x6=54

10x6=60

x7

1x7=7

2x7=14

3x7=21

4x7=28

5x7=35

6x7=42

7x7=49

8x7=56

9x7=63

10x7=70

x8

$1 \times 8 = 8$

$2 \times 8 = 16$

$3 \times 8 = 24$

$4 \times 8 = 32$

$5 \times 8 = 40$

$6 \times 8 = 48$

$7 \times 8 = 56$

$8 \times 8 = 64$

$9 \times 8 = 72$

$10 \times 8 = 80$

x9

1x9=9

2x9=18

3x9=27

4x9=36

5x9=45

6x9=54

7x9=63

8x9=72

9x9=81

10x9=90

x10

1x10=10

2x10=20

3x10=30

4x10=40

5x10=50

6x10=60

7x10=70

8x10=80

9x10=90

10x10=100

:1

1:1=1

2:1=2

3:1=3

4:1=4

5:1=5

6:1=6

7:1=7

8:1=8

9:1=9

10:1=10

:2

2:2=1

4:2=2

6:2=3

8:2=4

10:2=5

12:2=6

14:2=7

16:2=8

18:2=9

20:2=10

:3

3:3=1

6:3=2

9:3=3

12:3=4

15:3=5

18:3=6

21:3=7

24:3=8

27:3=9

30:3=10

:4

4:4=1

8:4=2

12:4=3

16:4=4

20:4=5

24:4=6

28:4=7

32:4=8

36:4=9

40:4=10

:5

5:5=1

10:5=2

15:5=3

20:5=4

25:5=5

30:5=6

35:5=7

40:5=8

45:5=9

50:5=10

:6

$6:6=1$

$12:6=2$

$18:6=3$

$24:6=4$

$30:6=5$

$36:6=6$

$42:6=7$

$48:6=8$

$54:6=9$

$60:6=10$

:7

7:7=1

14:7=2

21:7=3

28:7=4

35:7=5

42:7=6

49:7=7

56:7=8

63:7=9

70:7=10

:8

8:8=1

16:8=2

24:8=3

32:8=4

40:8=5

48:8=6

56:8=7

64:8=8

72:8=9

80:8=10

:9

9:9=1

18:9=2

27:9=3

36:9=4

45:9=5

54:9=6

63:9=7

72:9=8

81:9=9

90:9=10

:10

10:10=1

20:10=2

30:10=3

40:10=4

50:10=5

60:10=6

70:10=7

80:10=8

90:10=9

100:10=10

www.ingramcontent.com/pod-product-compliance
Lightning Source LLC
Chambersburg PA
CBHW072236230526
45466CB00024B/2079